ÉLÉMENTS

DE

GÉOMÉTRIE DESCRIPTIVE

APPLIQUÉE

A LA COUPE DES PIERRES ET A LA CHARPENTE,

A L'USAGE

des Ingénieurs, des Architectes et des Aspirants aux Écoles
du Gouvernement ;

Par M. BRASSINNE,

Inspecteur de l'École des Arts et Sciences industrielles de Toulouse.

PLANCHES.

TOULOUSE,
Édouard PRIVAT,
LIBRAIRE-ÉDITEUR,
Rue des Tourneurs, 45.

PARIS,
L. HACHETTE et Comp^{ie},
LIBRAIRES-ÉDITEURS,
Boulevard Saint-Germain, 77.

ÉLÉMENTS

DE

GÉOMÉTRIE DESCRIPTIVE

ET DE

STÉRÉOTOMIE.

Toulouse, Impr. Douladoure; Rouget frères et Delahaut, success^{rs}, rue St-Rome, 39.

ÉLÉMENTS

DE

GÉOMÉTRIE DESCRIPTIVE

APPLIQUÉE

A LA COUPE DES PIERRES ET A LA CHARPENTE,

A L'USAGE

des Ingénieurs, des Architectes et des Aspirants aux Ecoles du Gouvernement ;

Par M. BRASSINNE,

Inspecteur de l'École des Arts et Sciences industrielles de Toulouse.

PLANCHES.

<table>
<tr><td>TOULOUSE,
Édouard PRIVAT,
LIBRAIRE-ÉDITEUR,
Rue des Tourneurs, 45.</td><td>PARIS,
L. HACHETTE et Comp^{ie},
LIBRAIRES-ÉDITEURS,
Boulevard Saint-Germain. 77.</td></tr>
</table>

1867

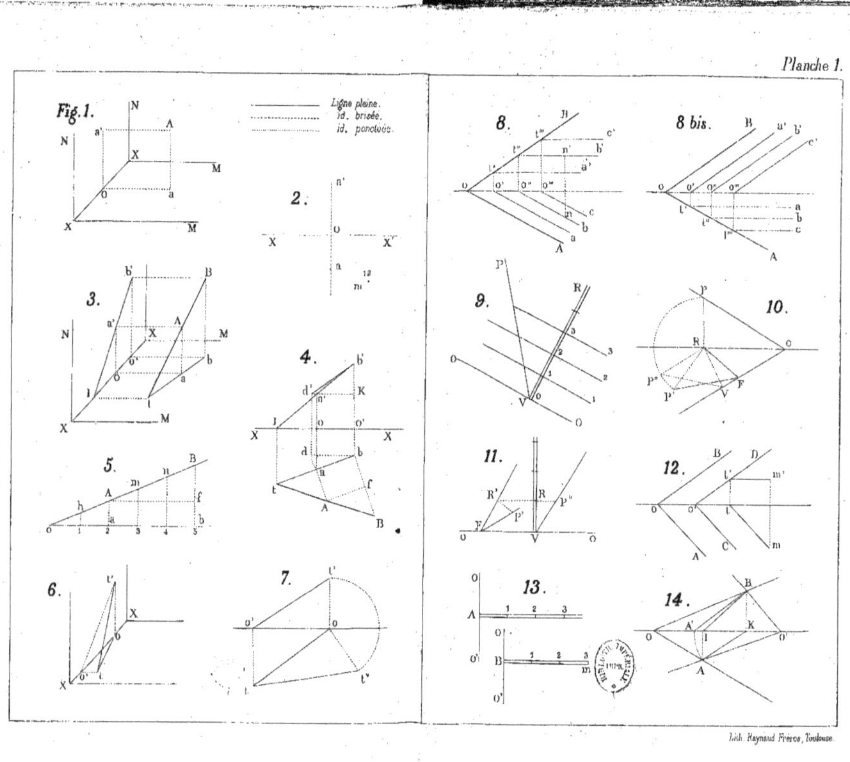
Fig.1.
Ligne pleine.
id. brisée.
id. ponctuée.
2.
3.
4.
5.
6.
7.
8.
8 bis.
9.
10.
11.
12.
13.
14.

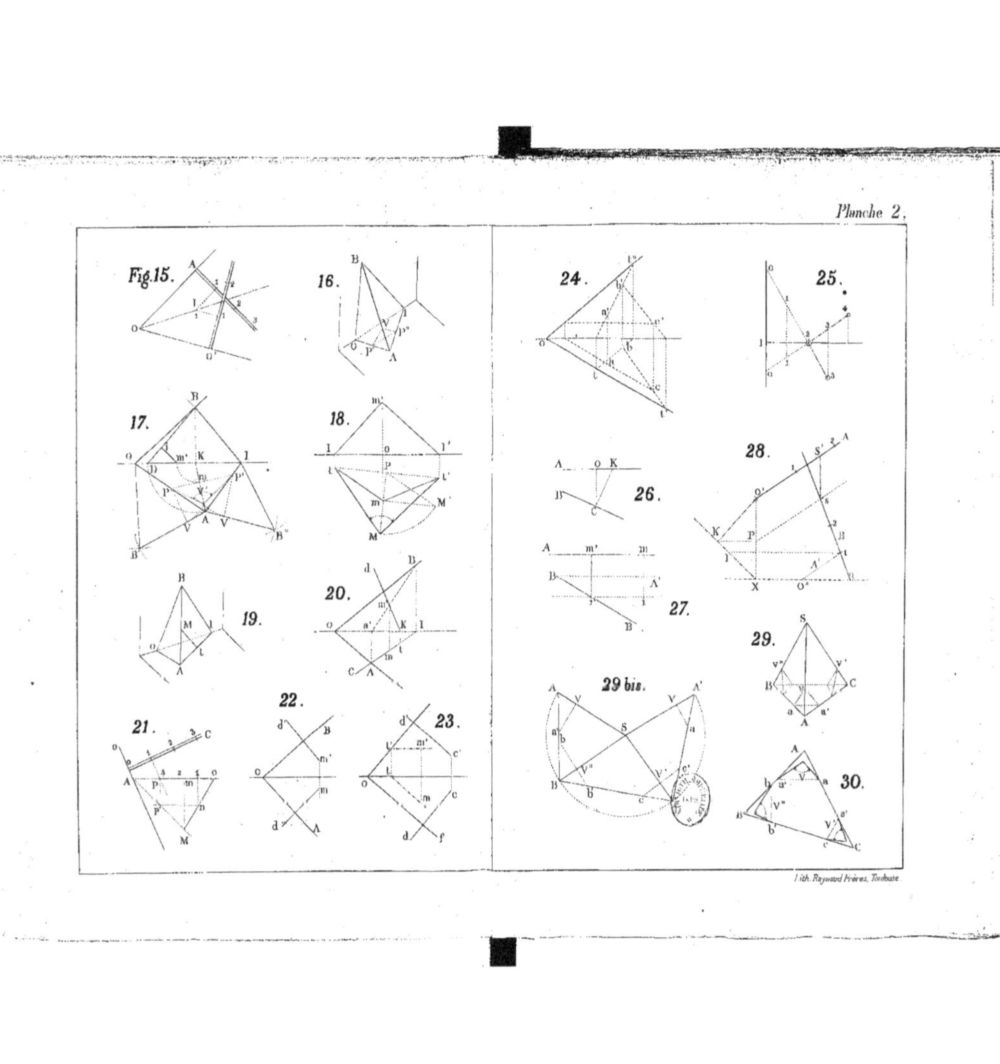

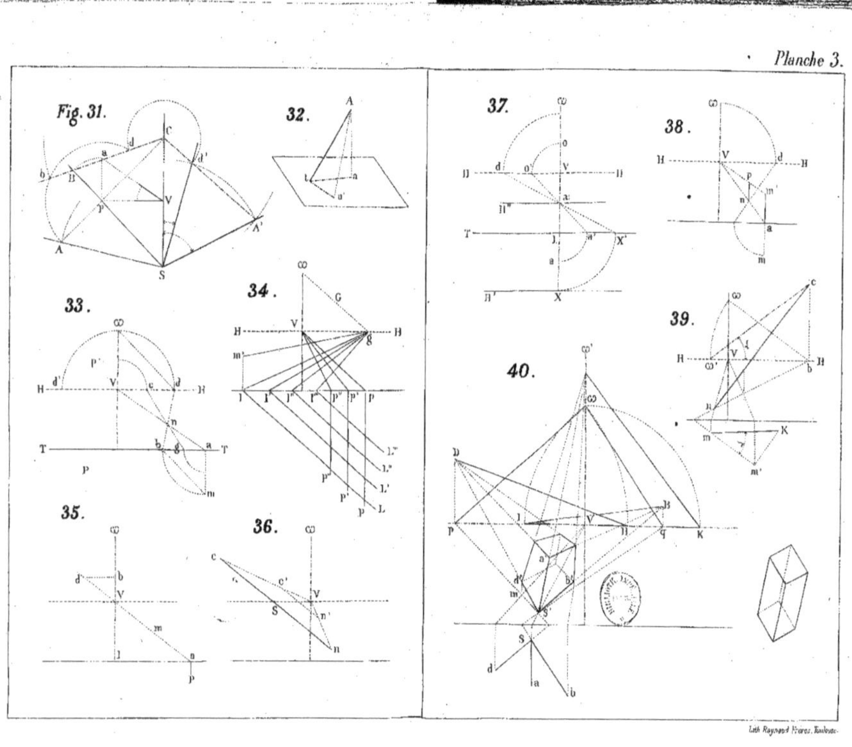

Fig. 31.
32.
33.
34.
35.
36.
37.
38.
39.
40.

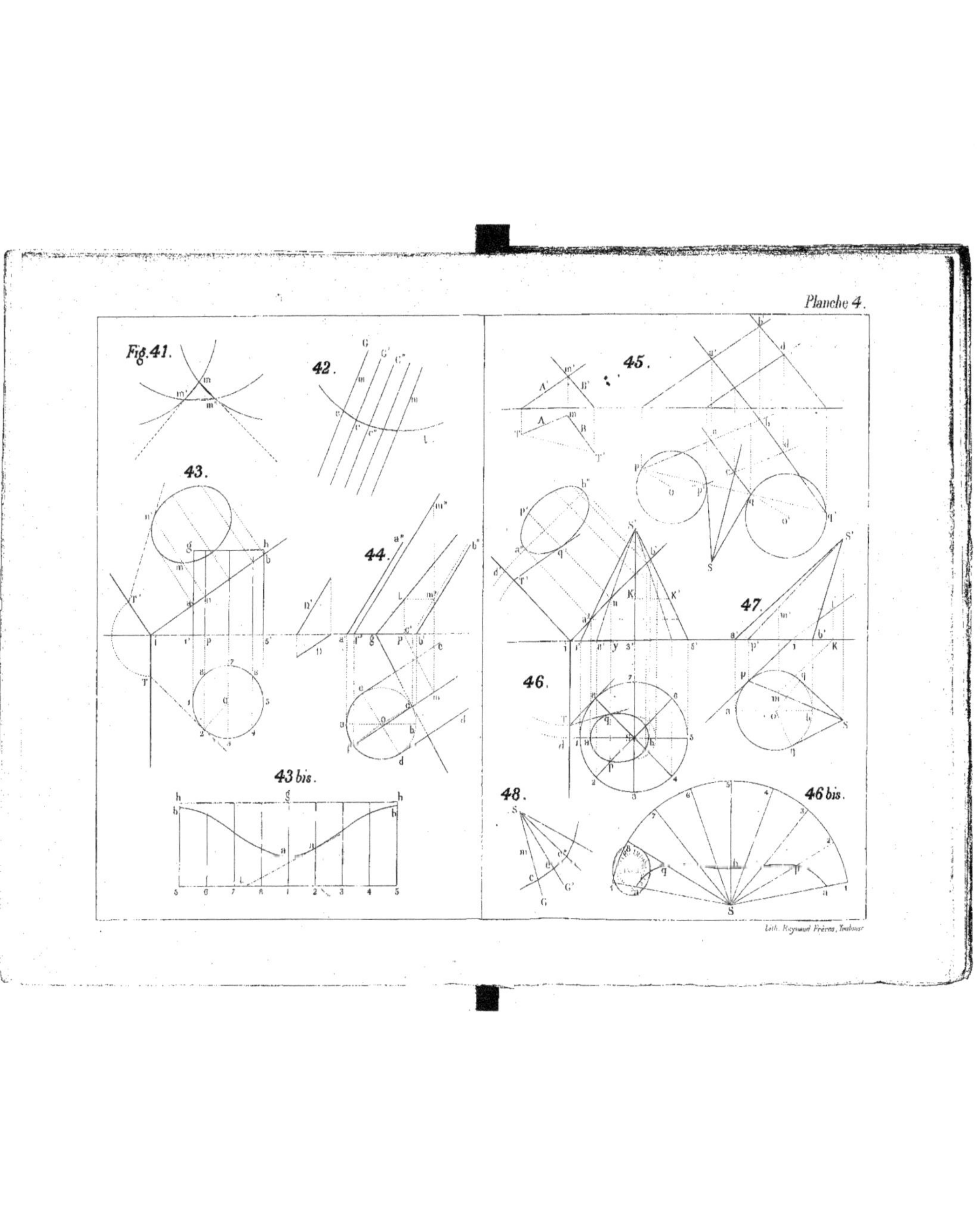
Fig. 41.
42.
43.
44.
45.
46.
47.
48.
43 bis.
46 bis.

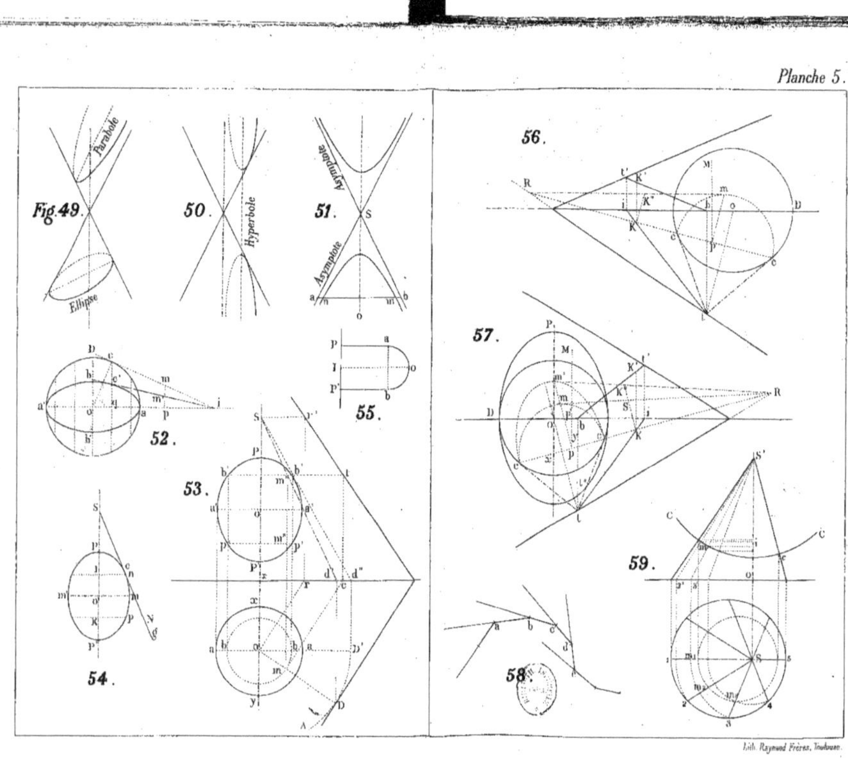

Parabole
Hyperbole
Asymptote
Ellipse
Asymptote
Fig. 49.
50.
51.
52.
53.
54.
55.
56.
57.
58.
59.

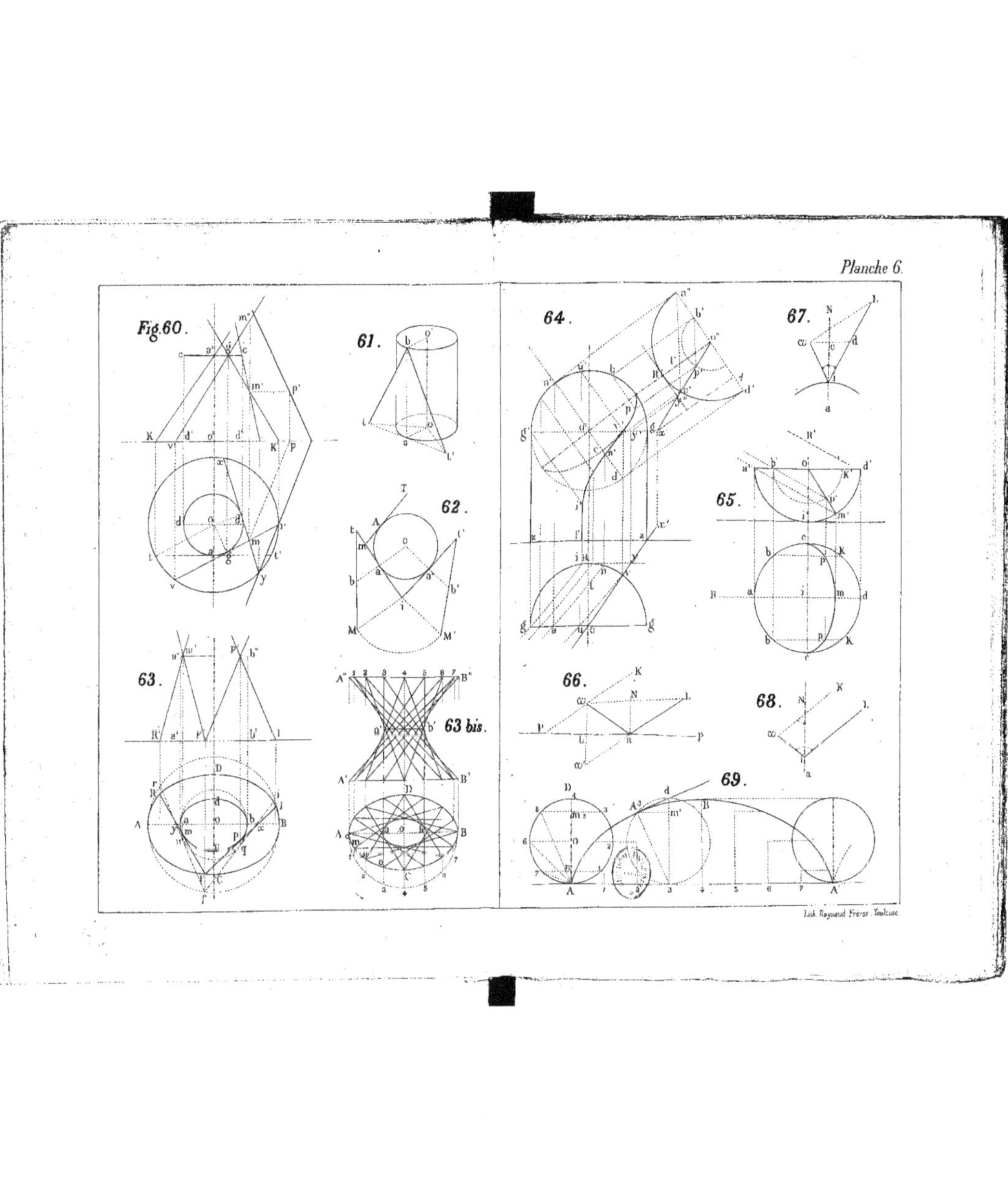

Fig. 60.
61.
62.
63.
63 bis.
64.
65.
66.
67.
68.
69.

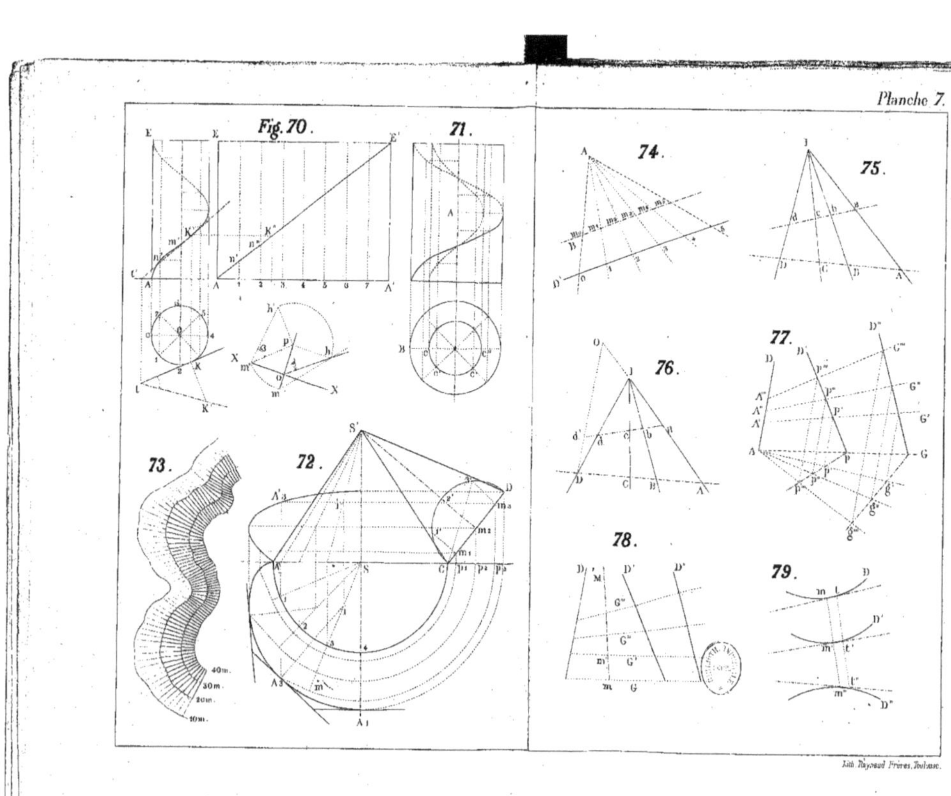

Lith. Raynaud Frères, Toulouse.

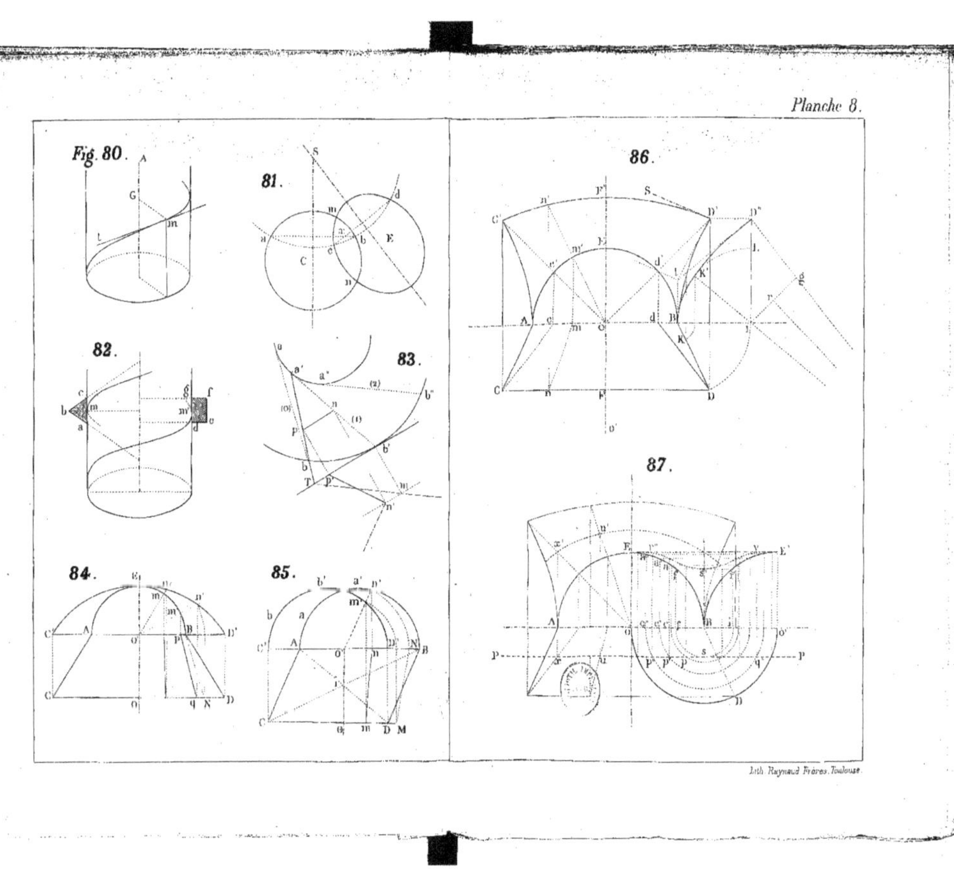

Fig. 80.
81.
82.
83.
84.
85.
86.
87.

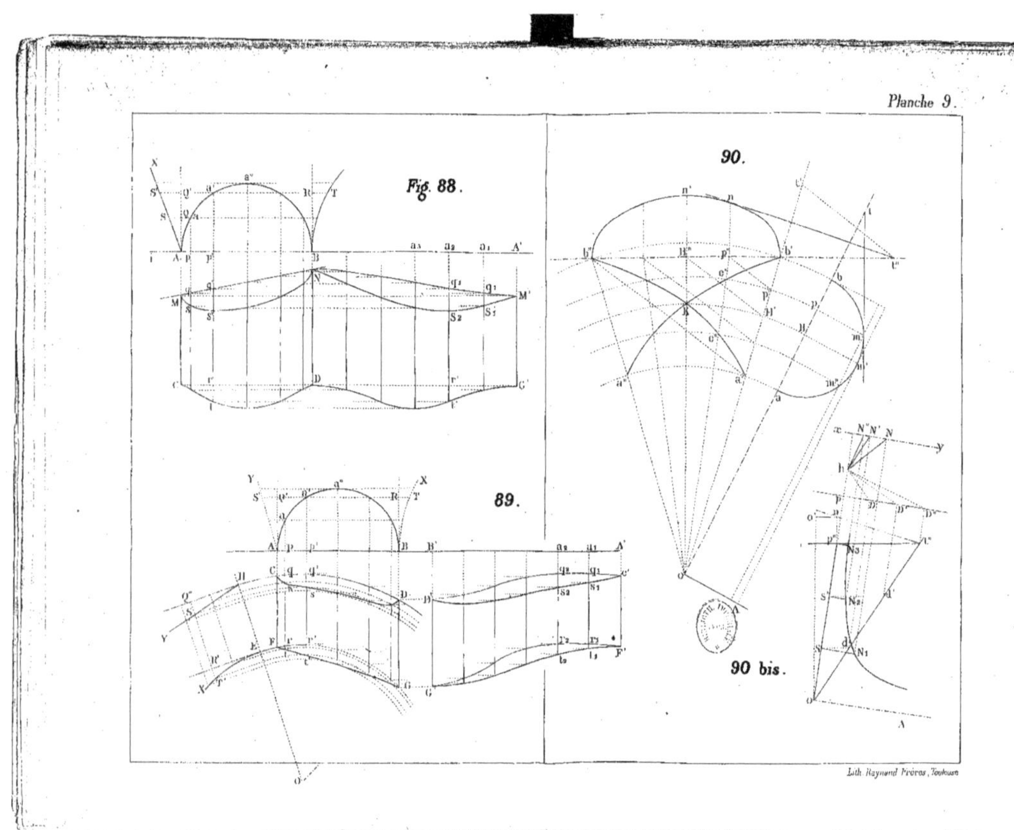

Fig. 88.
89.
90.
90 bis.

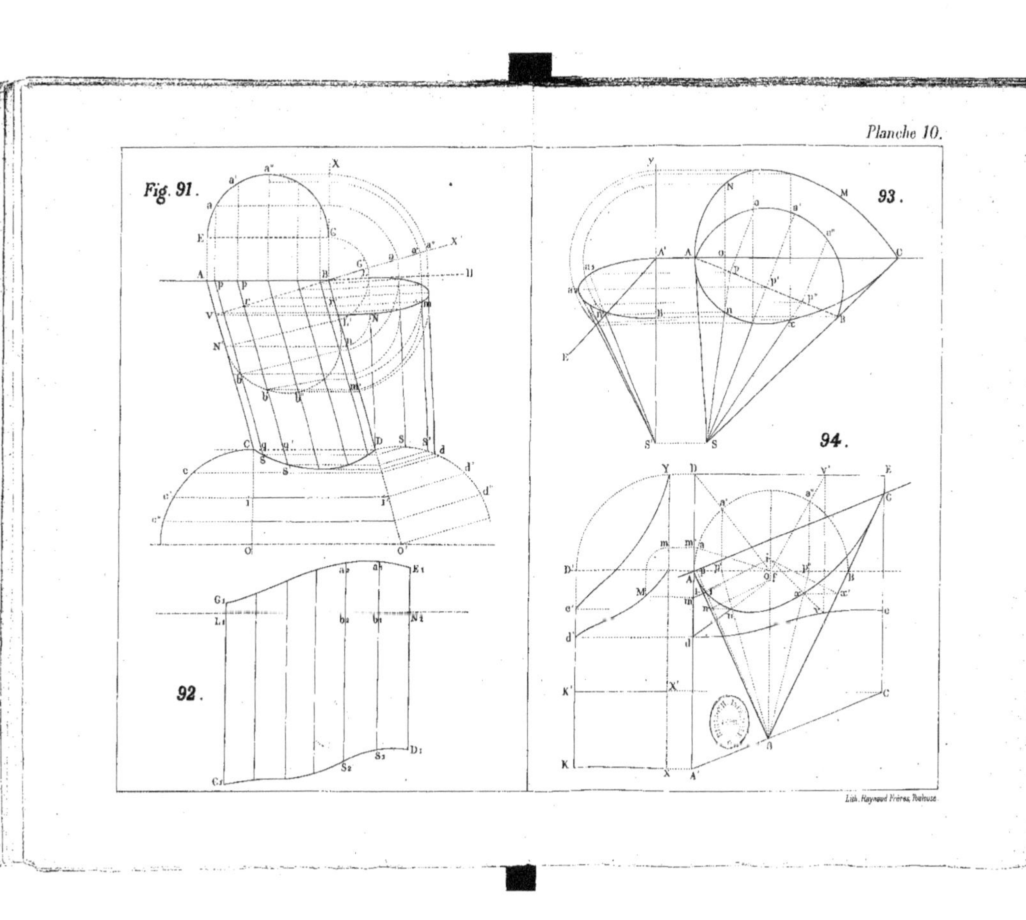
Fig. 91.
92.
93.
94.

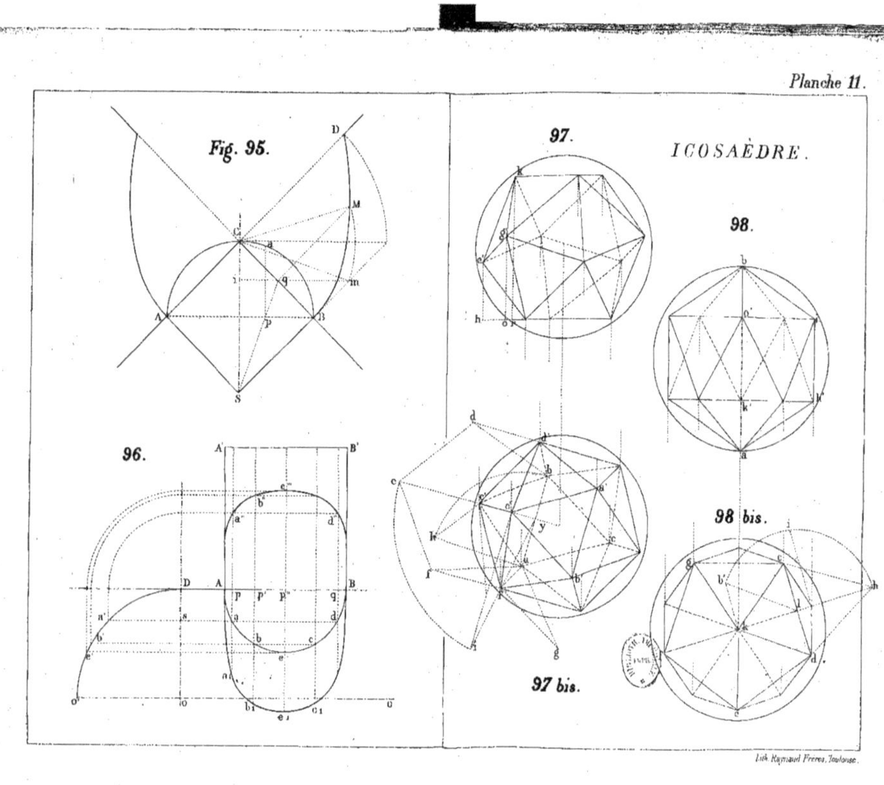
Fig. 95.
96.
97.
ICOSAÈDRE.
98.
97 bis.
98 bis.

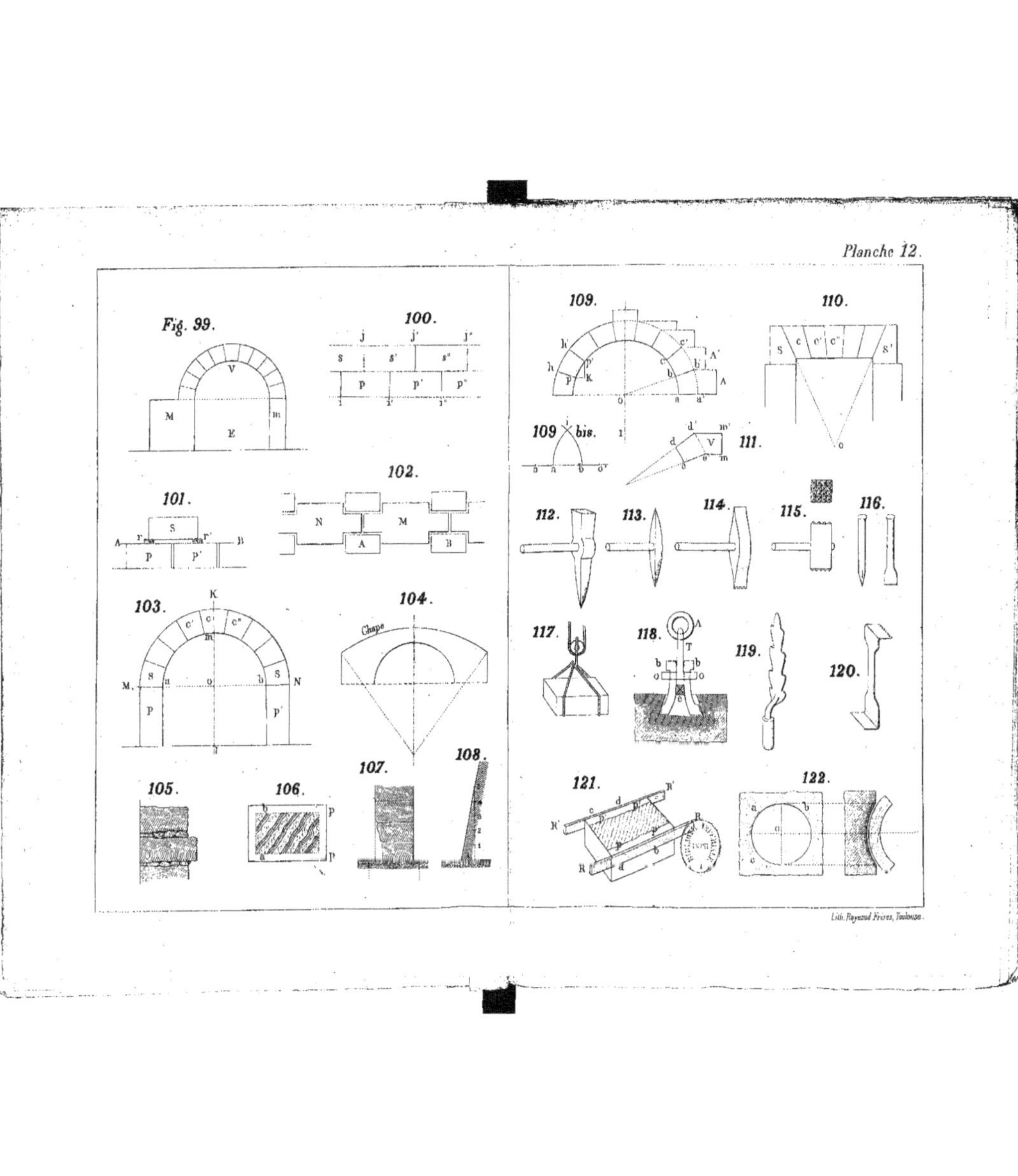

Fig. 99.
100.
101.
102.
103.
104.
Chape
105.
106.
107.
108.
109.
109 bis.
110.
111.
112.
113.
114.
115.
116.
117.
118.
119.
120.
121.
122.

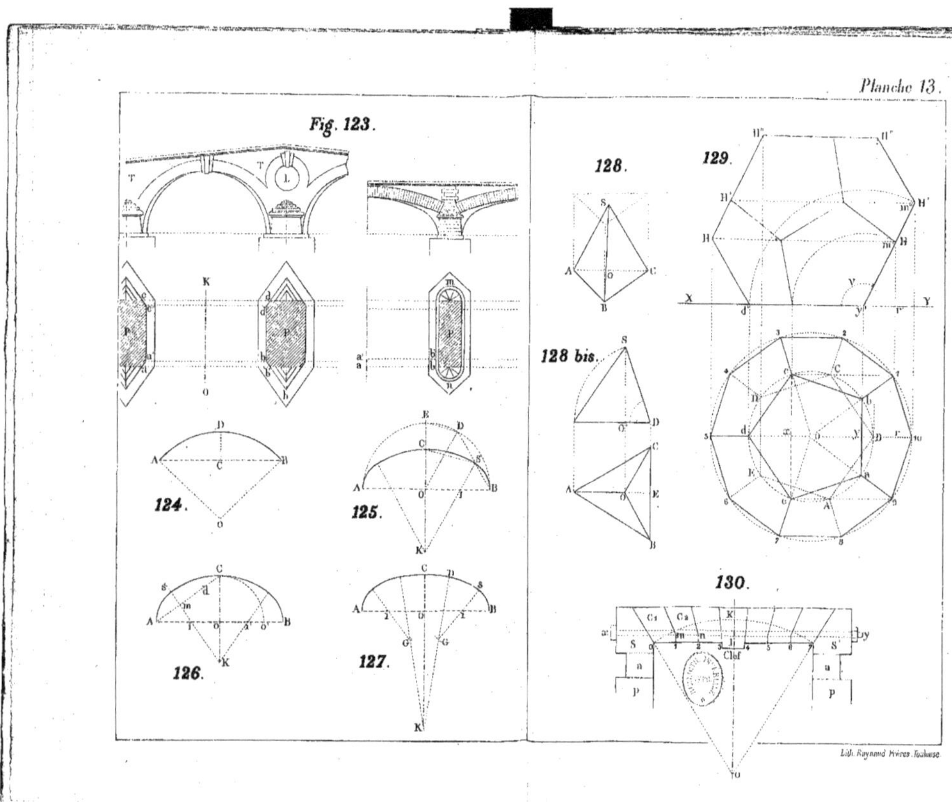
Fig. 123.
124.
125.
126.
127.
128.
128 bis.
129.
130.
Clef
Lith. Raynaud Frères, Toulouse.

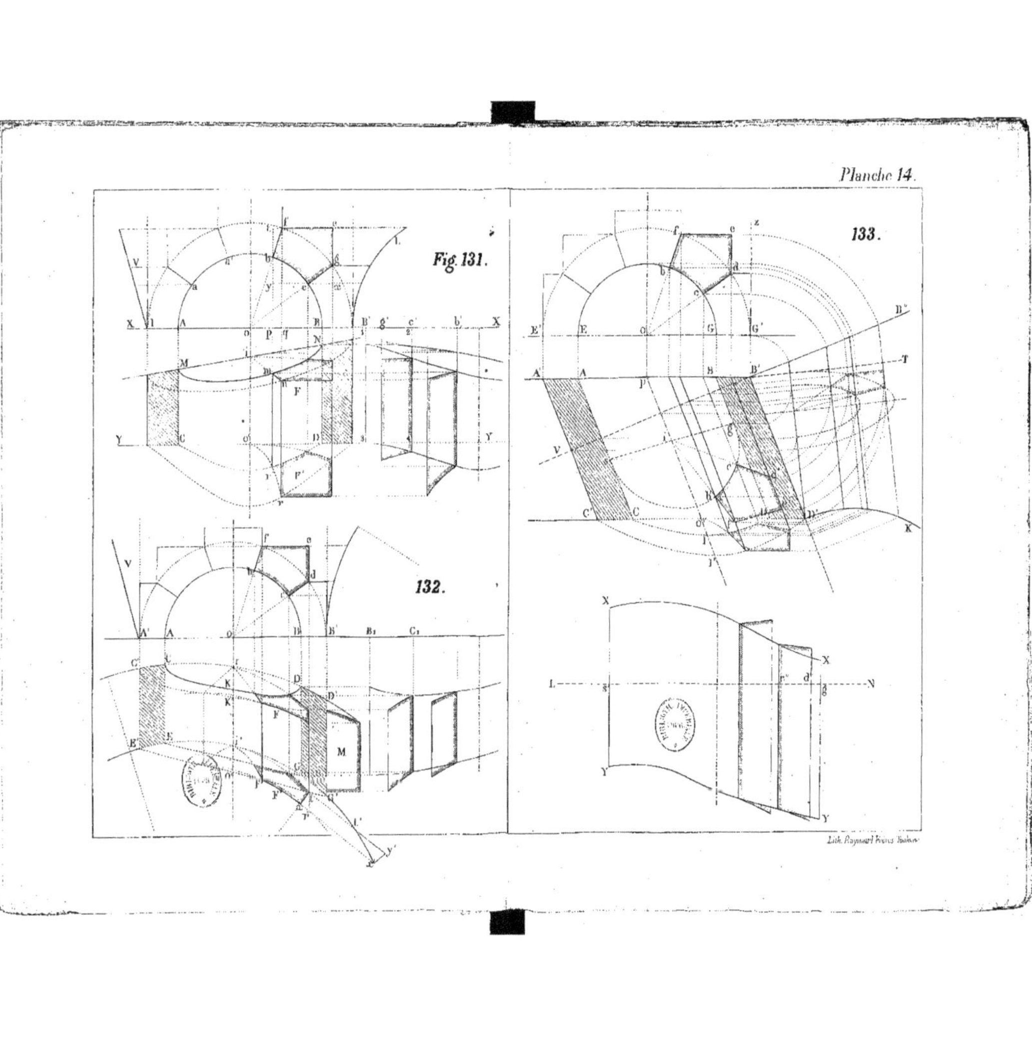

Fig. 131.
132.
133.

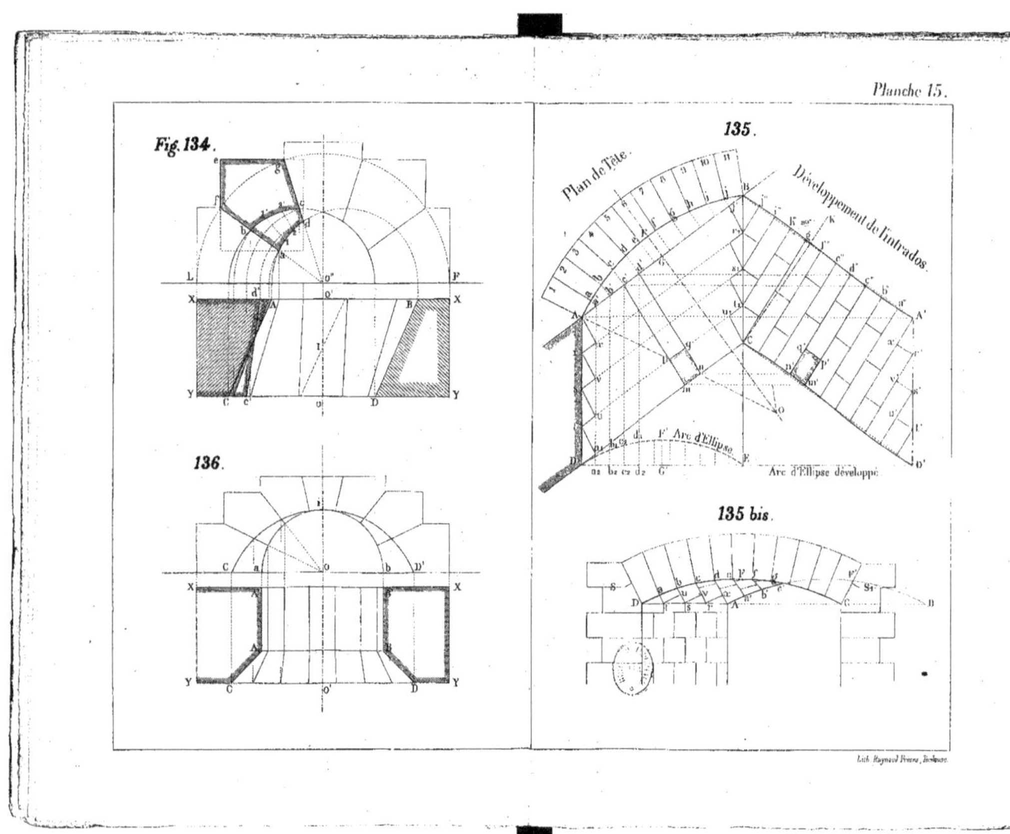
Fig. 134.
135.
Plan de Tête
Développement de l'intrados.
Arc d'Ellipse
Arc d'Ellipse développé
136.
135 bis.

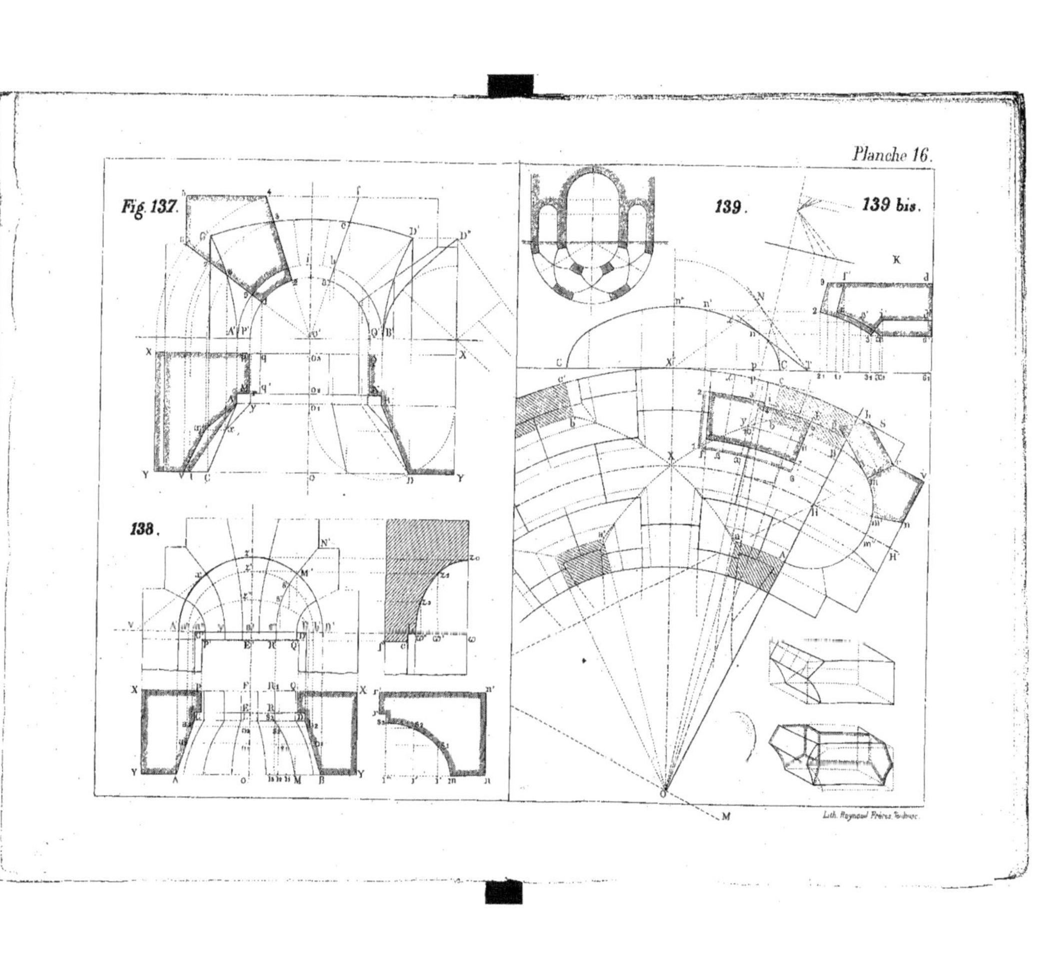

Planche 16.
Fig. 137.
138.
139.
139 bis.

Lith. Raynaud Frères Toulouse.

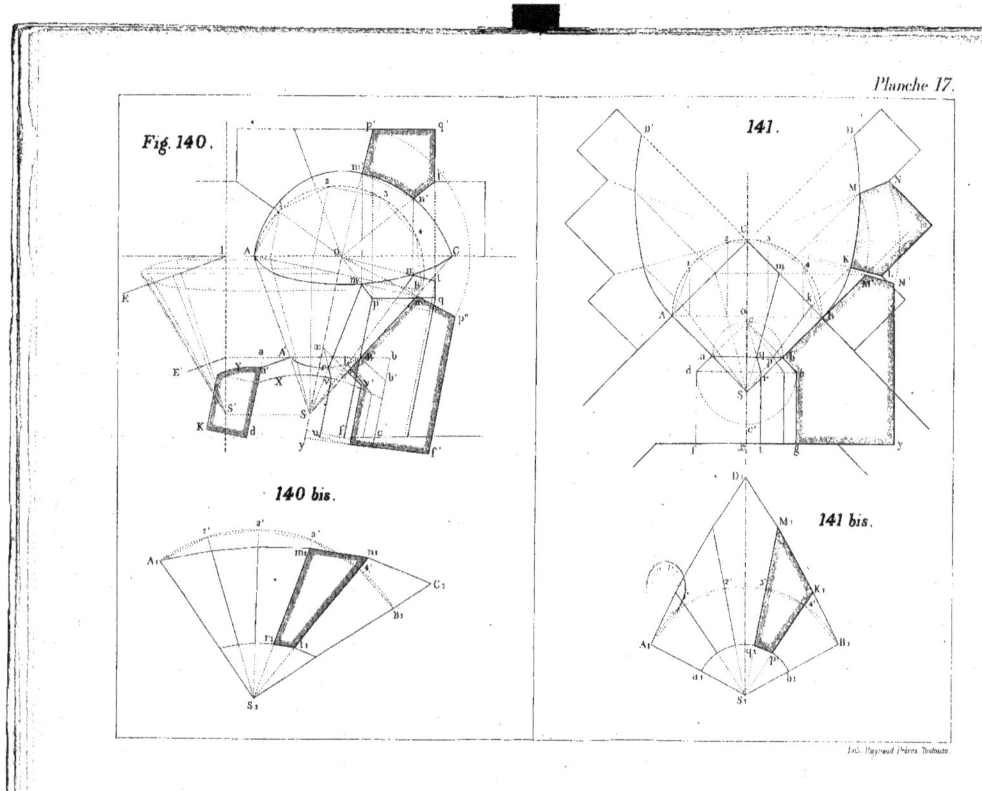

Fig. 140.
141.
140 bis.
141 bis.

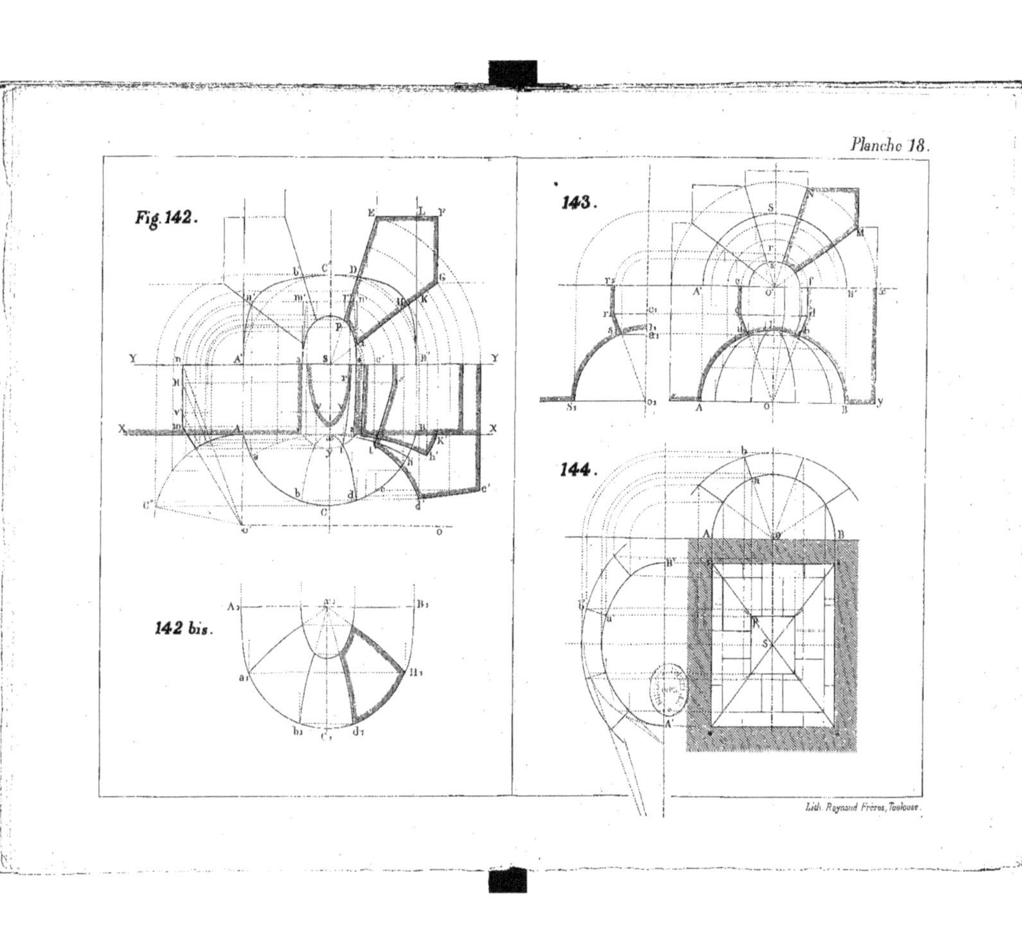

Fig. 142.
143.
144.
142 bis.
Lith. Raynaud Frères, Toulouse.

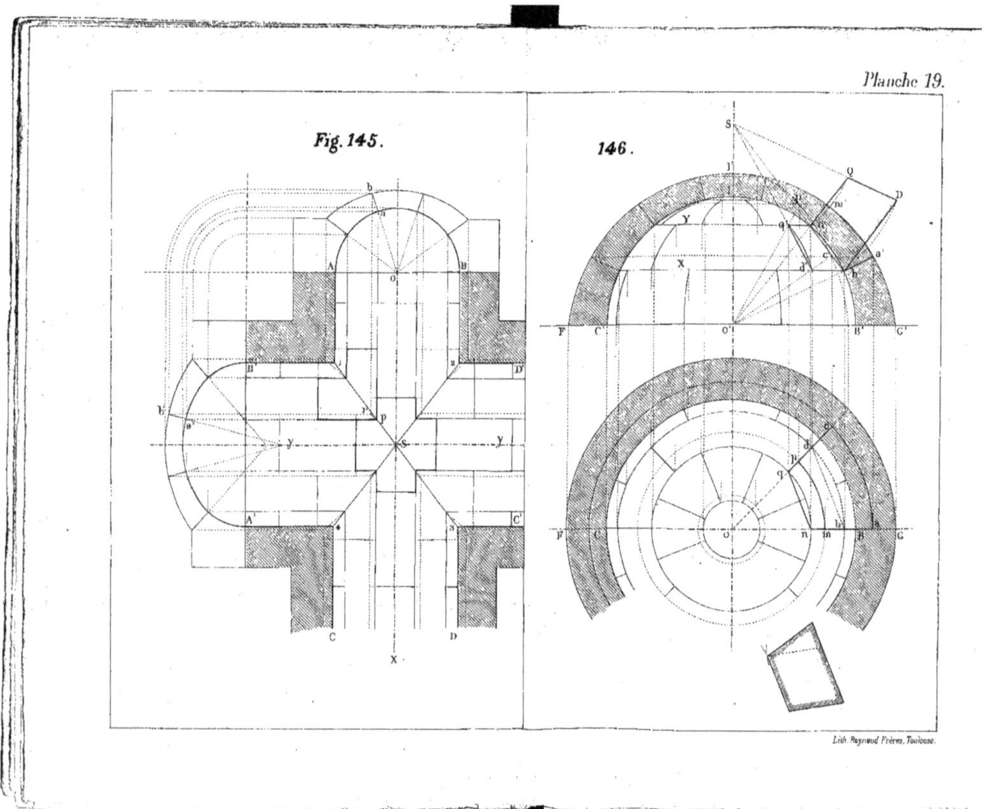
Fig. 145.
146.
Lith. Raymond Frères, Toulouse.

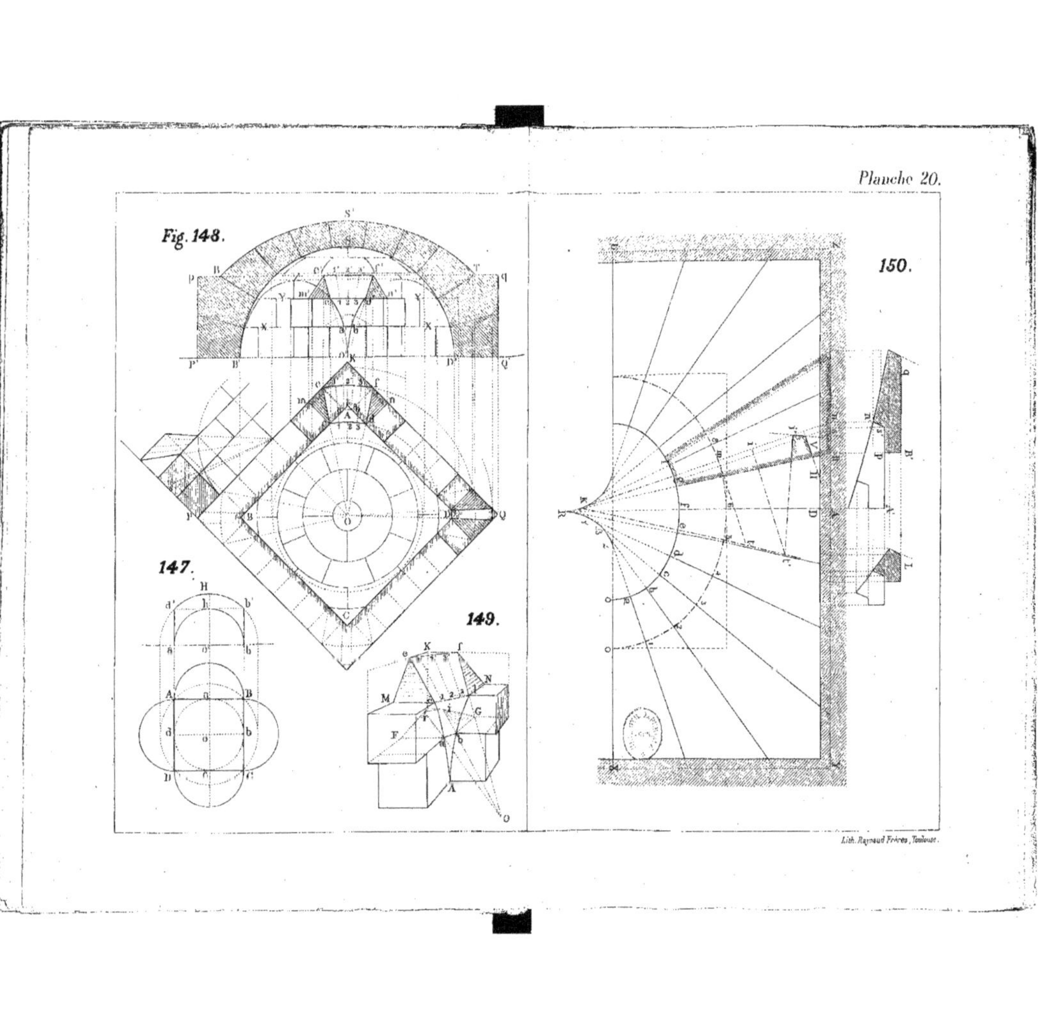

Fig. 148.
147.
149.
150.

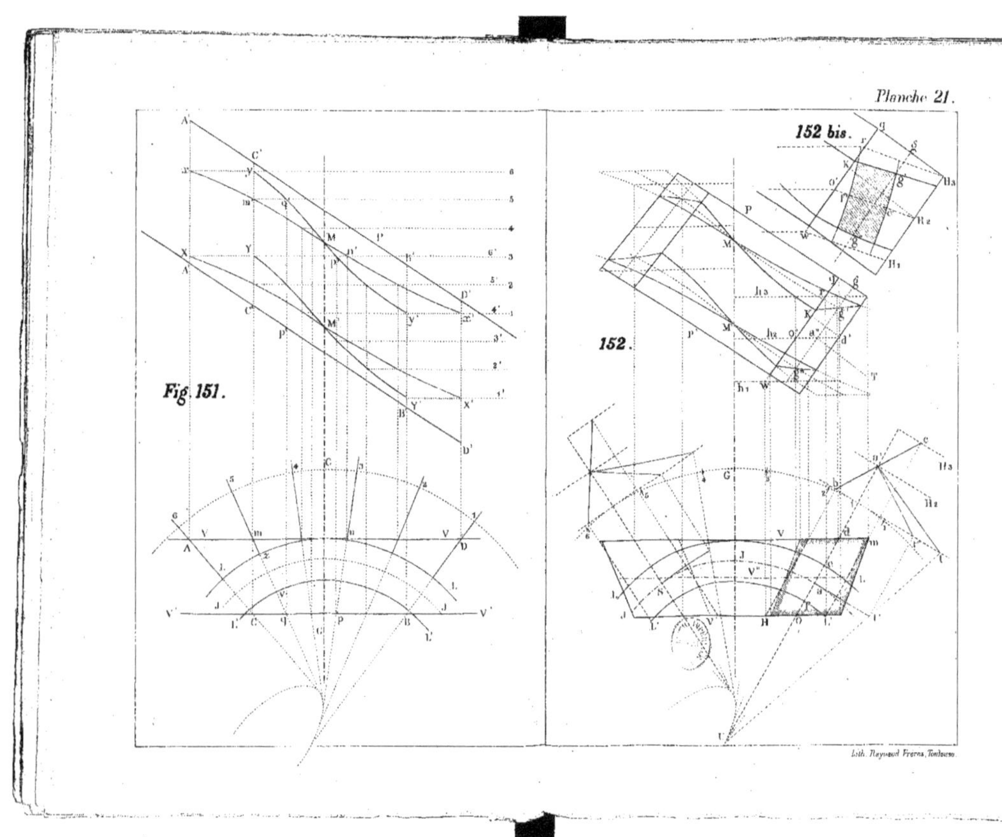
152 bis.
152.
Fig. 151.
Lith. Raynaud Frères, Toulouse.

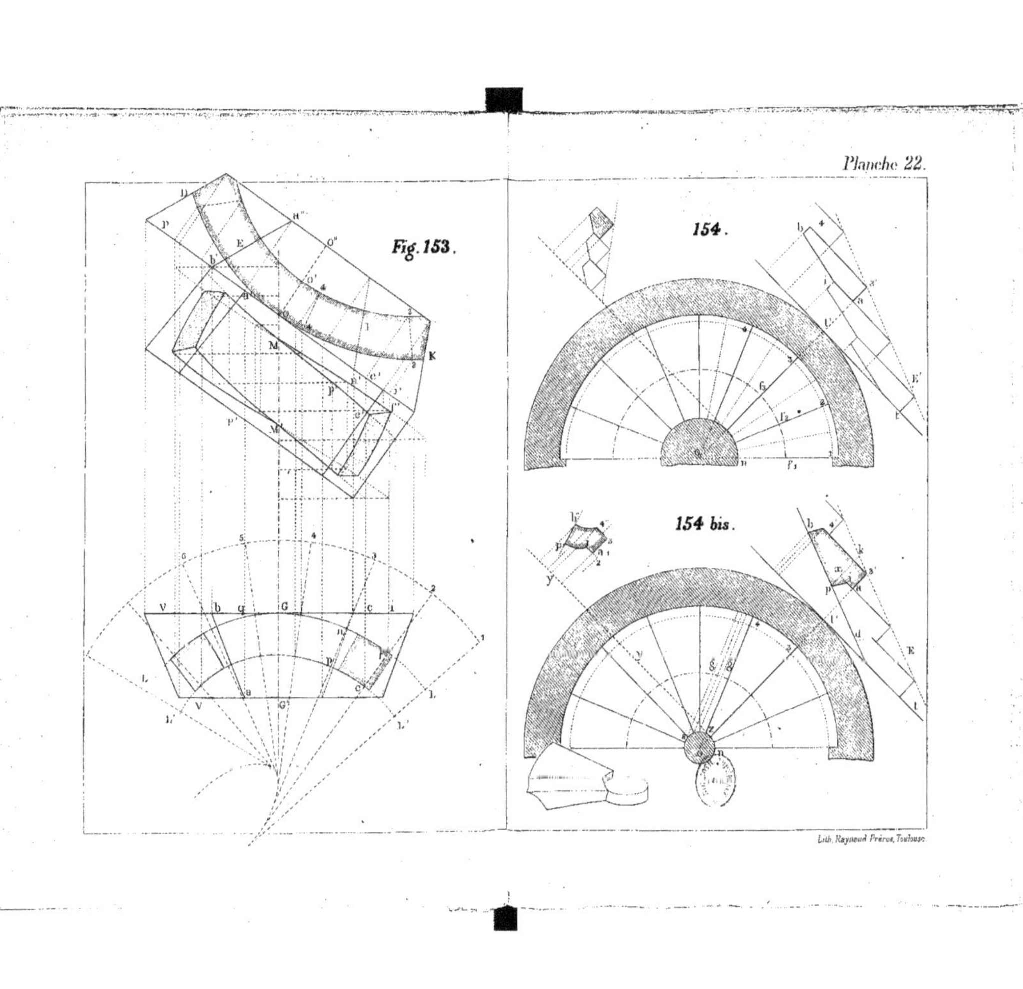

Planche 22.

Fig. 153.

154.

154 bis.

Lith. Raynaud Frères, Toulouse.

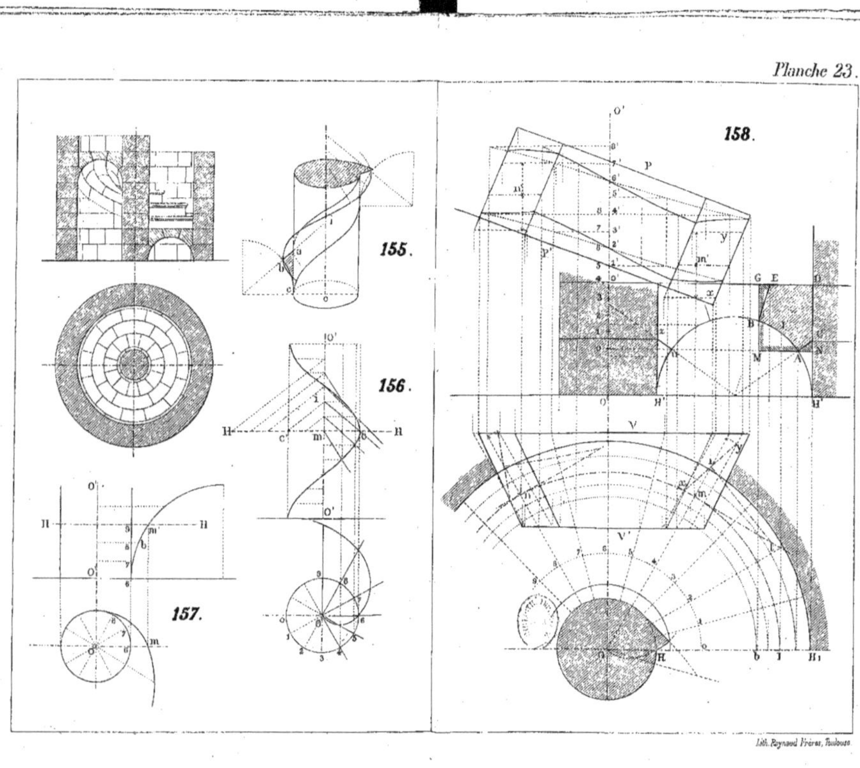

155.
156.
157.
158.

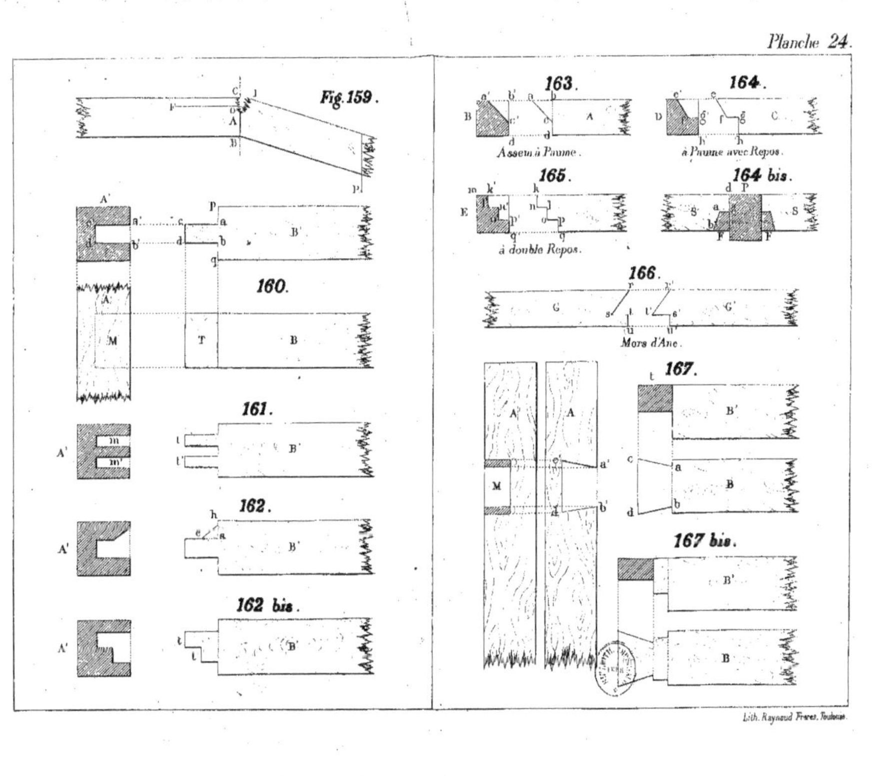
Fig.159.
163.
Assem à Paume.
164.
à Paume avec Repos.
165.
à double Repos.
164 bis.
160.
161.
166.
Mors d'Ane.
162.
167.
162 bis.
167 bis.

Fig. 168.
169.
170.
171.
172.
173.
174.
175.
176.
177.

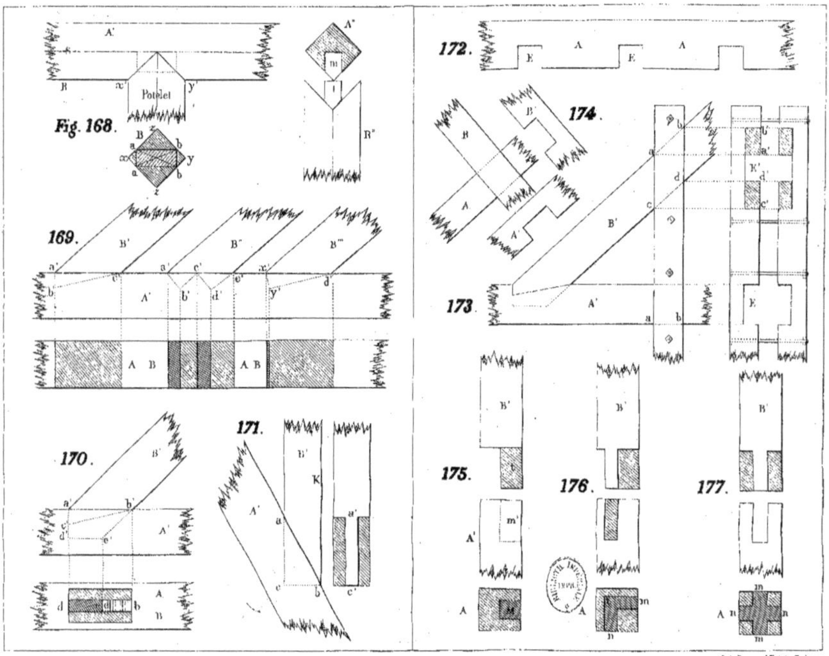

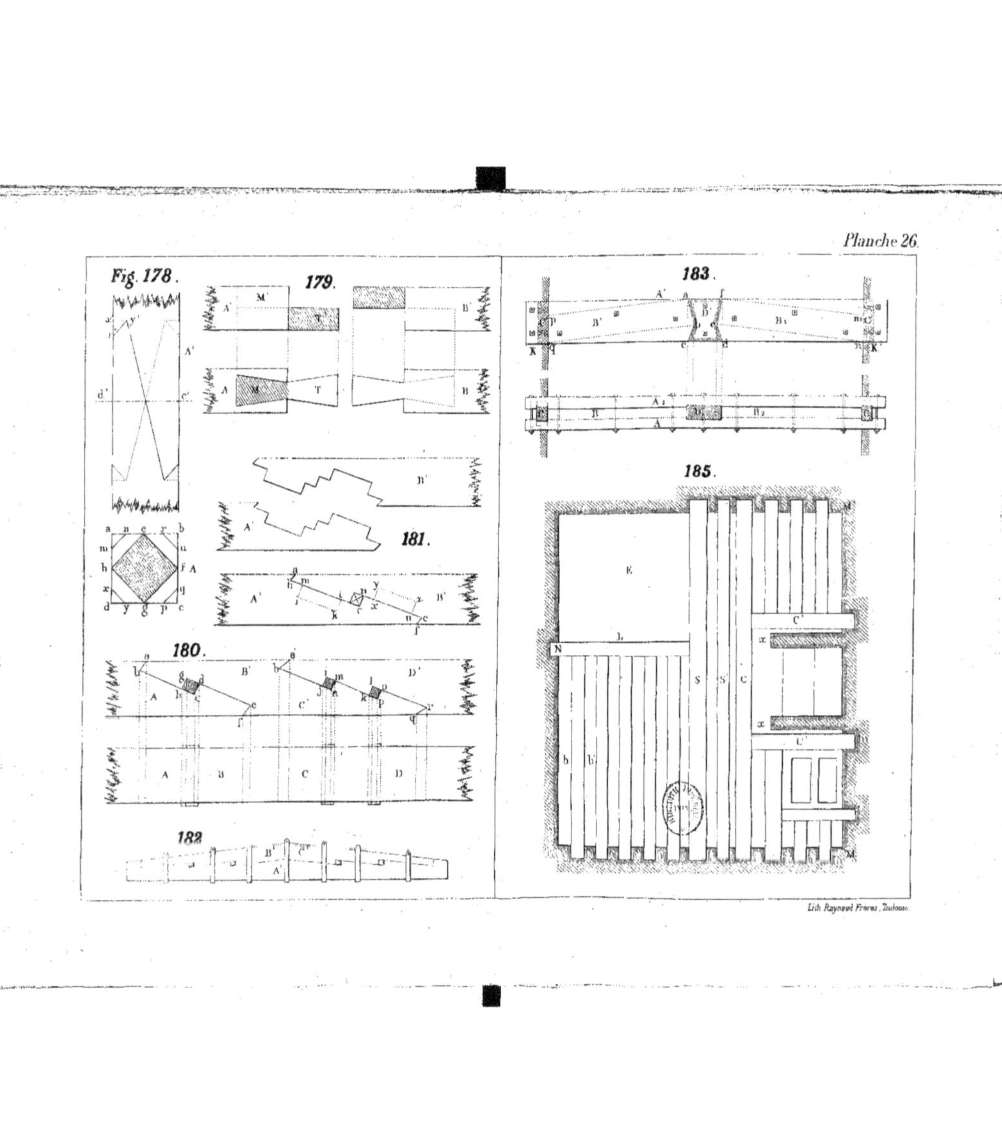

Fig. 178.
179.
181.
180.
182.
183.
185.

Fig. 184.

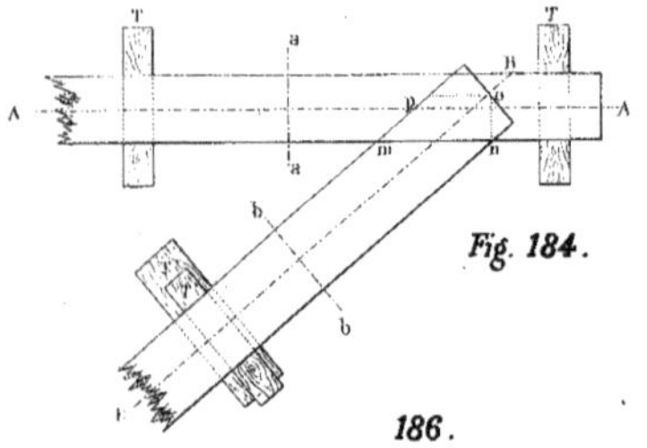

186.

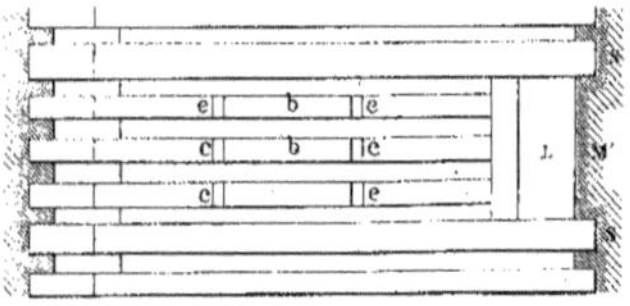

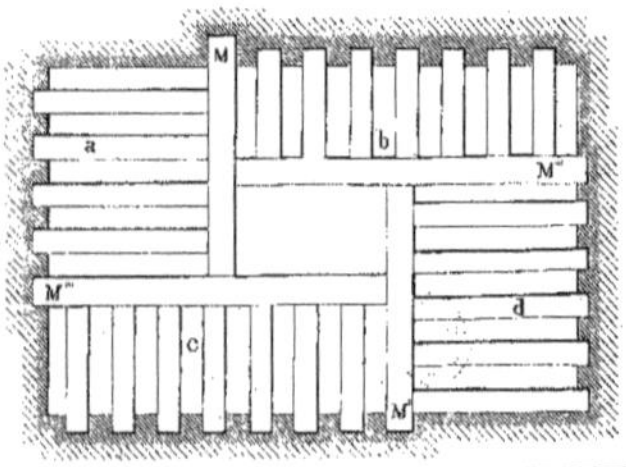

188.

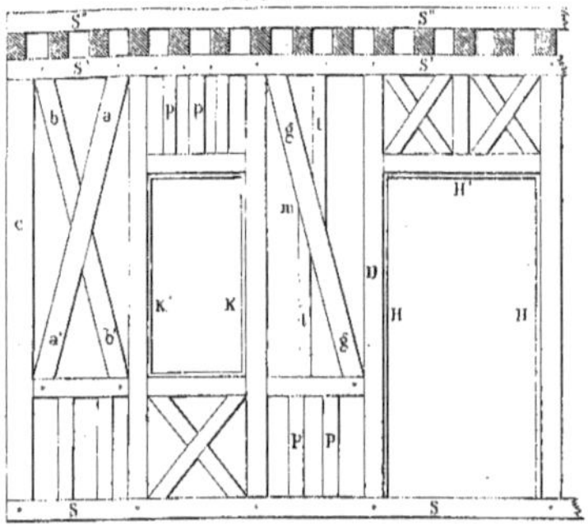

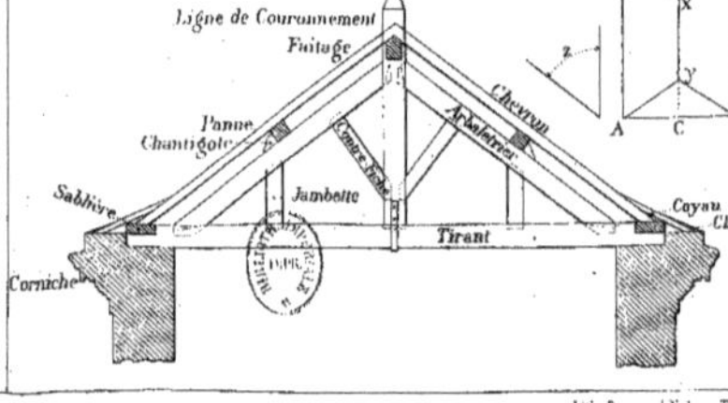

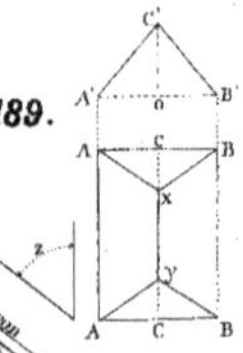

187.

190.

189.

Fig. 191.

192.

193.

Faux Comble
Entrait
Bride
Tirant

194.

LÉGENDE

T. Tirant
E. Entrait
A. Arbalétrier
P. Poinçon
C. Chevron
S. Sablière
G. Jambe de Force
a. Aisselier
b. Blochet
c. Coyau
f. Faîtage
g. Contre-fiche
j. Jambette
n. Panne
p. Panne-ferme

Profil de Long-Pan.

195.

Latte supérieur
Latte inf.
Poinçon
Faîtage
Tirant

Plan.

Ligne d'About de Long-Pan
Gorge
Tirant
Chevron du courant
Chevron de ferme
Ligne
Ligne de Gorge
Ligne d'About
de Trompe

Profil d'Atelier

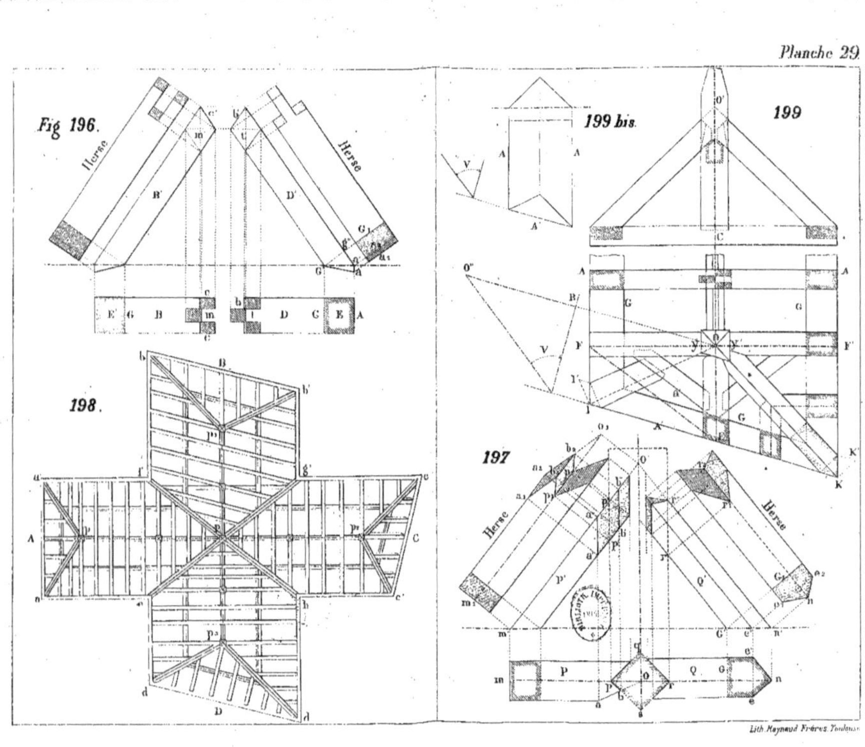

Fig 196.
Herse
Herse
198.
199 bis.
199
197
Herse
Herse

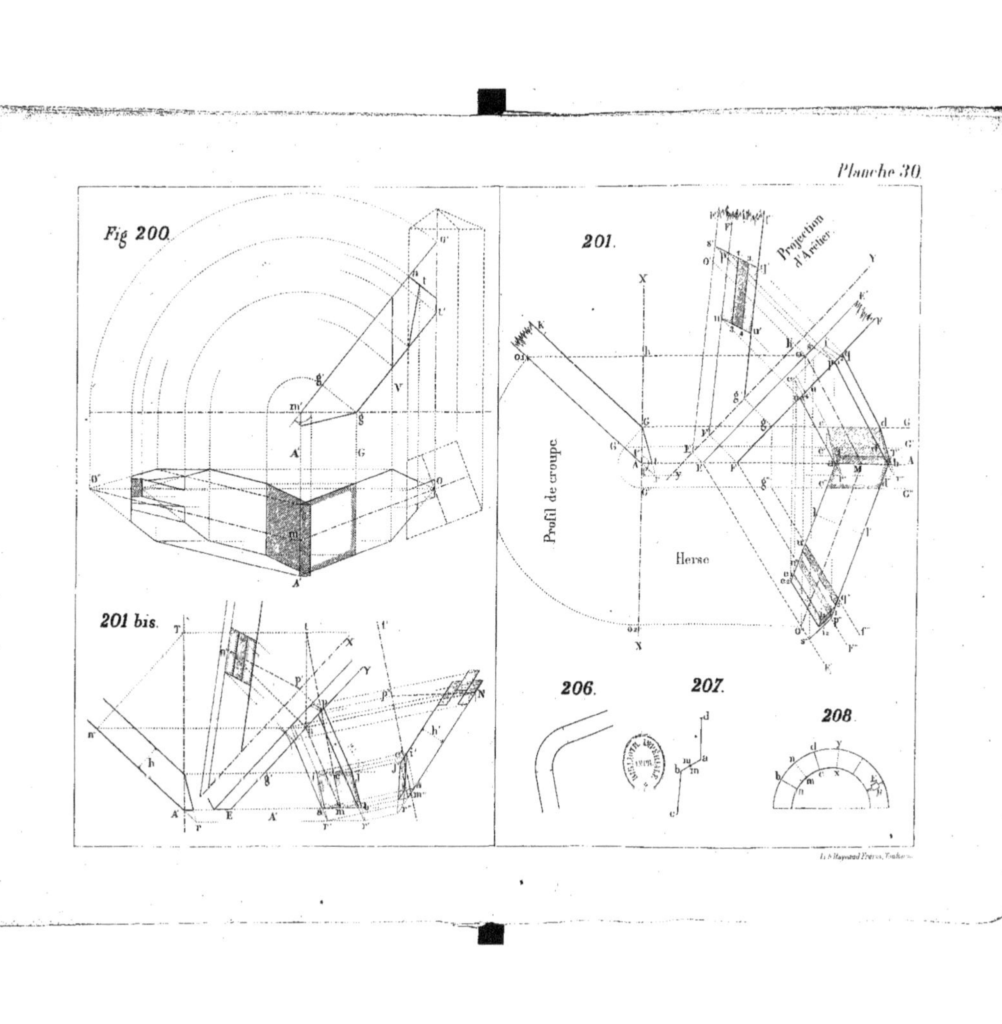

Fig 200.
201.
Projection d'Archer
Profil de coupe
Herse
201 bis.
206.
207.
208.

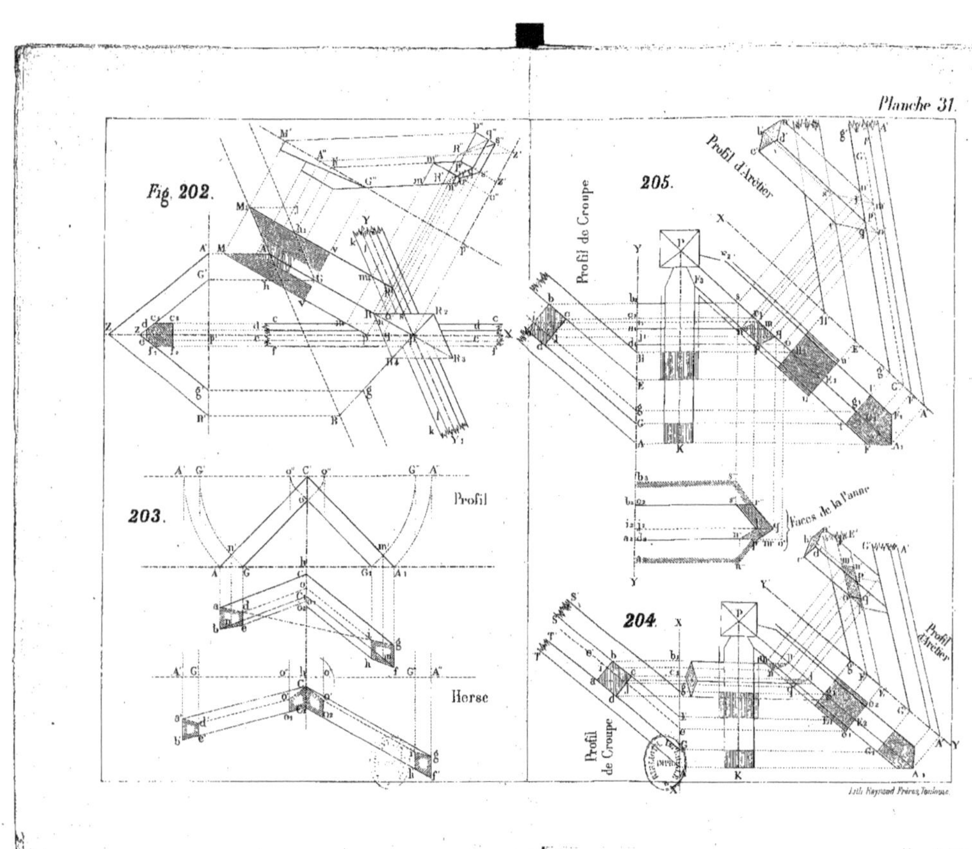
Fig. 202.
203.
Profil
Herse
205.
204.
Profil de Croupe
Profil d'Archer
Faces de la Panne
Profil d'Archer
Profil de Croupe
Lith. Raynaud Frères, Toulouse.

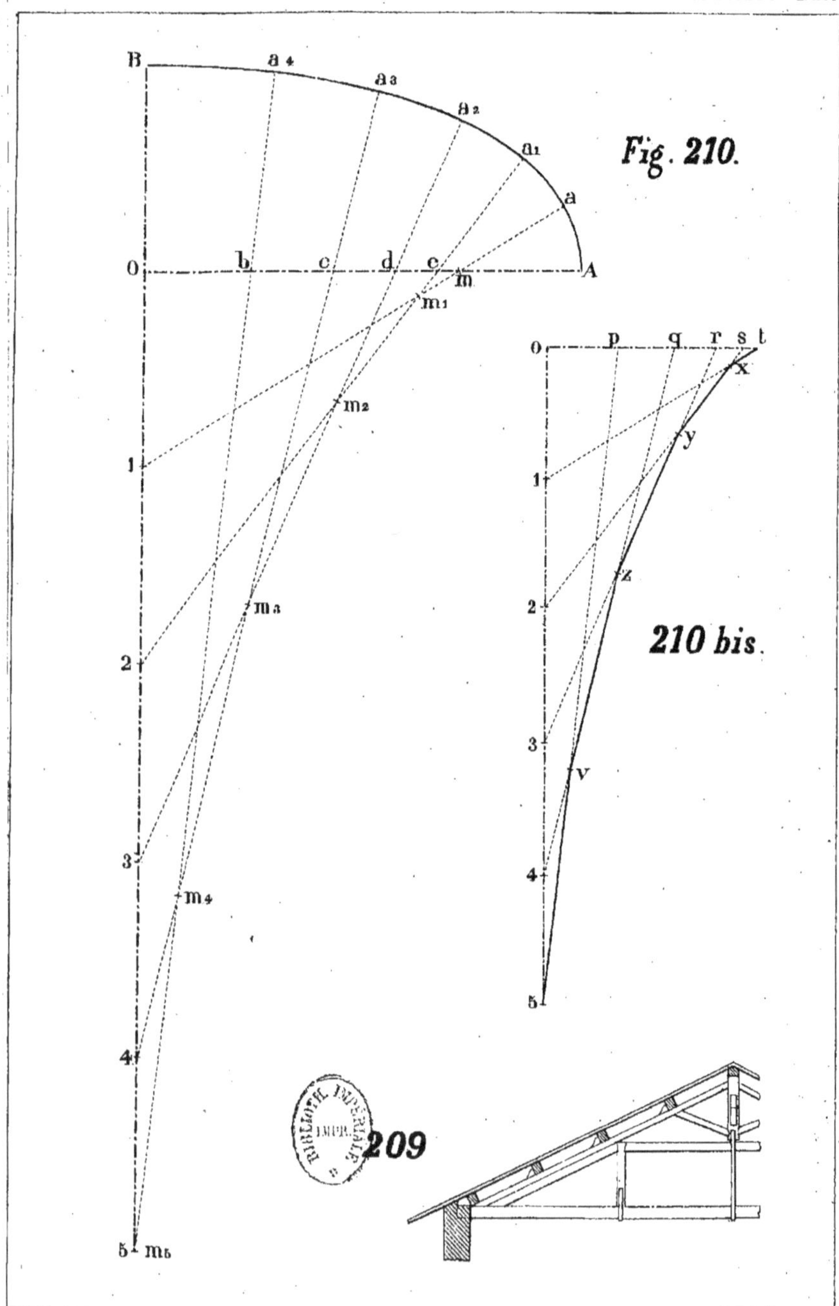
Fig. 210.
210 bis.
209